Sitzungsberichte der Heidelberger Akademie der Wissenschaften

Stiftung Heinrich Lanz

Mathematisch-naturwissenschaftliche Klasse

*) *Jahrgang 1921 erschien im Verlage von Carl Winters Universitätsbuchhandlung in Heidelberg.*

Im Verlag von Walter de Gruyter & Co. vormals G. J. Göschen'sche Verlagshandlung — J. Guttentag, Verlagsbuchhandlung — Georg Reimer — Karl J. Trübner — Veit & Comp., Berlin, erschienen:

Abteilung A. Mathematisch-physikalische Wissenschaften.

Jahrg. 1922: 3 Hefte. — Jahrg. 1923: 5 Hefte. — Jahrg. 1924: 11 Hefte.

Abteilung B. Biologische Wissenschaften.

Jahrgang 1923: 1 Heft.

Von Jahrgang 1925 ab findet die Trennung in Abteilung A und B nicht mehr statt.

Jahrgang 1925. 1. HEFFTER, LOTHAR. Zur absoluten Geometrie II. Reichsm. 0.50
2. ROESER, ERNST. Die komplementären Figuren der nichteuklidischen Ebene. Reichsmark 0.50
3. FLADT, KUNO. Neuer Beweis f. d. Zuordnung von rechtwinkligem Dreieck und Spitzeck in der hyperbolischen Elementargeometrie. Reichsmark 0.30
4. SALOMON, WILHELM. Beobachtungen über Harnische. Reichsmark 0.70
5. LOEWY, A. Beiträge zur Algebra. 1—4. Reichsmark 1.—
6. HELLPACH, WILLY. 2. Mitteilung zur Physiognomik der deutschen Volksstämme. Reichsmark 0.30
7. LOEWY, ALFRED. Neue elementare Begründung u. Erweiterung der Galoisschen Theorie. Reichsmark 2.—
8. CURTIUS, THEODOR, u. BERTHO, ALFRED. Einwirkung von Stickstoffkohlenoxyd und von Stickstoffwasserstoffsäure unter Druck auf aromatische Kohlenwasserstoffe. Reichsmark 0.40
9. ROESER, ERNST. Die gnomonische Projektion in der hyperbolischen Geometrie. Reichsmark 0.70
10. RASCH, G. Über die Ausnützung der Gezeiten des Meeres zur Energiegewinnung. Reichsmark 0.80
11. SALOMON, WILHELM. Magnetische Hebungen. Reichsmark 1.20
12. PÜTTER, A. Altersbestimmungen an Drachenbäumen von Tenerife. Rm. 0.90
13. VOLK, OTTO. Über geodätische rhombische Kurvennetze auf krummen Flächen, insbesondere auf Flächen konstanter Krümmung. Reichsmark 1.10
14. ROESER, ERNST. Die Fundamentalkonstruktion der hyperbolischen Geometrie. Reichsmark 1.40
15. RÜGER, L., u. RÜGER-HAAS, P. Palaeosemaeostoma geryonides v. Huene sp., eine sessile Meduse aus dem Dogger von Wehingen i. W., und Medusina liasica nov. sp., eine coronatenähnliche Meduse aus dem mittleren Lias von Hechingen i. Württemberg. Reichsmark 1.50

Jahrgang 1926. 1. KRULL, WOLFGANG. Theorie und Anwendung der verallgemeinerten Abelschen Gruppen. Reichsmark 1.70
2. KLEBS, GEORG. Über periodisch wachsende tropische Baumarten. Rm. 1.20
3. MÜLLER, MAX. Über die Oberfläche von Flächenstücken. Reichsmark 1.20
4. ERNST, MAX. Über Anlagen von Organen, die nicht zur Ausbildung gelangen. Reichsmark 0.50
5. ERNST, EMIL. Die optischen Eigenschaften des Andesins von Bodenmais. Reichsmark 1.10
6. LIEPMANN, WILHELM. Leichengeburt bei Ichthyosauriern. Reichsmark 0.90
7. KLEBS, GEORG. Über die Längenperiode der Internodien. Reichsmark 2.40
8. JOST, L., u. v. UBISCH, G. Zur Windefrage. Reichsmark 0.80
9. SALOMON, WILHELM. Gibt es Gesteine, die für bestimmte Erdperioden charakteristisch sind? Reichsmark 0.30
10. ROESER, ERNST. Der reelle Übergang zwischen den beiden nichteuklidischen Geometrien und ihrem Parallelenbegriff. Reichsmark 1.20
11. SALOMON, WILHELM. Kugelförmige Absonderung. Reichsmark 0.80

(Fortsetzung siehe 3. Umschlagseite)

*) Bestellungen auf solche Veröffentlichungen der math,-naturw. Klasse, welche früher im Verlag von Carl Winters Universitätsbuchhandlung in Heidelberg erschienen sind, nimmt auch der Verlag Walter de Gruyter & Co., Berlin, entgegen.

Sitzungsberichte
der Heidelberger Akademie der Wissenschaften
Mathematisch-naturwissenschaftliche Klasse
Jahrgang 1931. 3. Abhandlung

Beiträge zum Oberrheinischen Fossilkatalog Nr. 5

Hippopotamus amphibius von Mauer a. d. Elsenz

J. Voelcker
Heidelberg

Vorgelegt von Wilhelm Salomon-Calvi
am 15. Mai 1931

Berlin und Leipzig 1931
Walter de Gruyter & Co.
vormals G. J. Göschen'sche Verlagshandlung / J. Guttentag, Verlagsbuchhandlung / Georg Reimer / Karl J. Trübner / Veit & Comp.

Druck von Walter de Gruyter & Co., Berlin W 10

Unter den Funden, die während des November 1930 in der Grube am „Sandbusch“ (Grafenrain) in Mauer geborgen wurden, befindet sich das 8,7 cm lange (maximal 3,4 cm breite) Bruchstück eines äußeren Unterkiefer-Inzisiven von *Hippopotamus amphibius*. Das Stück stammt von etwa 5 m unter der Lettenbank. Der Zahn trägt außen eine etwa 1 mm starke gelblichweiße Schicht, die dem verwitterten Elfenbein der Elephas-Stoßzähne sehr ähnlich ist. Darunter erscheint aber die für Hippopotamus typische Längsriefelung des Schmelzes. Der konzentrisch ausgebrochene mittlere Teil des Dentins täuscht eine tiefere Alveole vor. — Ein zweiter mandibularer Inzisive wurde in diesem Frühjahr ungefähr an derselben Stelle geborgen. Der Zahn zeigt denselben Erhaltungszustand, nur daß der Schmelz unter der „Elfenbein“-Schicht nirgends zu sehen ist. Dagegen zeigt das Exemplar, das einem jugendlichen Tier angehört hat, sehr schön die beginnende, typische Ankaufazette der Hippopotamus-Inzisiven. Das Bruchstück ist 10,4 cm lang und an der Bruchstelle 3,05:3,4 cm breit. — Freudenberg erwähnt in der Fußnote einer Arbeit über Ätna-Ausbrüche: „In Mauer wurde von mir ein Schneidezahn dieser Art (*Hippopotamus major*) gefunden.“ (Centralbl. f. Min. 1923 S. 483.)

Ich möchte hier kurz auf die Bedeutung der vier letztbeschriebenen Funde von Mauer eingehen:

In *Hippopotamus* selbst haben wir einen Vertreter einer Fauna, der wir in Jockgrimm und in den tieferen Schichten von Mosbach begegnen. Dasselbe gilt von *Trogontherium Cuvieri*, aus Mauer von Rüger (1929) unter *Trogontherium Soergeli* beschrieben. Die beiden Katzen *Machairodus latidens* (Rüger 1929) und *Felis issiodorensis* (Voelcker 1930) repräsentieren pliozäne Formen. *Felis issiodorensis* ist allerdings auch aus den untersten Schichten von Mosbach bekannt. — Während sich in Mosbach die altertümlichen

Formen auf die Basis der Sande, die Trogontherienschicht beschränken, lagen die drei genannten Funde (für Trogontherium ist die Stelle leider nicht bekannt) wie folgt im Profil von Mauer: *Machairodus* 2 m über der Sohle der Grube, *Hippopotamus* 5 m unter der Lettenbank) (= ungefähr 5—7 m [1]) über der Sohle) und *Felis issiodorensis* 1 m über der Lettenbank. Wir müssen also mindestens einem Großteil der Maurer Sande gleiches Alter zuerkennen.

Dieses Alter wurde zuletzt von Soergel auf Grund der Untersuchung der Hangendschichten, der Einordnung der Löße und Lößlehmzonen in das von ihm gefundene Schema, als Mindeleiszeitlich (genauer IIa, Interglazial IIa—IIb und IIb) festgelegt. Die neue Bereicherung der Fauna aber spricht m. E. für größeres Alter. Mit Ausnahme von *Elephas meridionalis* selbst (und *Cervus megaceros mosbachensis*, dessen Zugehörigkeit noch gar nicht ganz sicher ist (Soergel 1927)) ist nun die ganze Meridionalis-Fauna von Mosbach in Mauer vertreten, für die Soergel jetzt wohl Günz-Mindel-Glazial annimmt. (Älter als Jockgrimm, das er zu Beginn von Mindel I stellt.)

Soergel schreibt (1925) S. 435 . . . „Ist Jockgrimm älter als Süßenborn, . . ., so kann es doch nur in eine Zeit fallen, in der auch der stets mildere Westen Deutschlands *Elephas antiquus* keine voll zusagenden Lebensbedingungen bot, d. h. als unter dem Einfluß eines rauhen Klimas die Waldbestände stark zurückgingen und die offene Landschaft zur Herrschaft kam." — Von Mauer erwähnt Soergel (1928) S. 227: „In tieferen Schichten habe ich neuerdings faunistische Zeugnisse für ein kaltes Klima nachweisen können", aber (diese Zeugnisse sind mir nicht bekannt) einmal ist doch die *Antiquus*-Wald-Fauna charakteristisch für Mauer und andererseits „würde *Hippopotamus* ein Klima mit kalten Wintern, die die Flüsse gefrieren lassen, nicht ertragen". (Soergel 1914), S. 238). Außerdem glaube ich, wie oben erwähnt, annehmen zu müssen, daß das Auftreten der Funde von „Meridionalis"-Charakter in so unterschiedlicher Profilhöhe für ziemlich gleichzeitige, also klima-einheitliche Ablagerung spricht.

Wüst (1930 u. 1928) hält die Sande von Mauer auf Grund des Deckschichtenprofils wie aus faunistischen Erwägungen für

---

[1]) Die Höhe der Lettenbank wurde mir fälschlich mit 15 m über Sohle angegeben (Voelcker 1930). Eigene Nachprüfung ergab 10—12 m.

Prä-Günz. Und wenn mit den Artefakten des Chelléen *Elephas meridionalis*?, aber sicher *Hippopotamus* (SOERGEL 1912, S. 82) vorkommt und das Chelles ins I. Interglazial zu stellen ist (WÜST 1901, S. 104) und nicht ins II. (siehe WOLDSTEDT 1929, S. 306), dann erscheint mir die Alterseinstufung des *homo heidelbergensis* ins zweite Glazial zu spät zu sein.

Daß *Hippopotamus* im Altdiluvium des Oberrheingebietes nicht zu selten war, zeigt auch der Fund eines Keims eines letzten linken Unterkiefermolaren [1]), der anläßlich einer Versuchsbohrung zum Brückenbau zwischen Ludwigshafen und Mannheim im Sommer 1928 etwa 5 m unter Rheinsohle gemacht wurde. Das Stück ist nicht von Jockgrimm verlagert, da es nicht den für die von da stammenden Zähne typischen Erhaltungszustand zeigt. Seine Maße sind:

Maximale Länge: 74,5 mm,
„ Breite: 39,8 mm, Breite I 39,8, II 37,4, III 29,5 mm
„ Höhe: 54,0 mm, Höhe I 54,0, II 46,7, III 39,8 mm.

Verzeichnis der angeführten Literatur.

1901 WÜST, E., Untersuchung über das Pliozän und älteste Pleistozän Thüringens. — Abhandl. d. Naturf. Ges. zu Halle. XXIII. Bd.

1912 SOERGEL, W., *Elephas trogontherii* POHL. und *Elephas antiquus* FALC. Stuttgart, Schweizerbart.

1914 ders., Die diluvialen Säugetiere Badens. Mitt. d. Großh. Bad. Geol. Landesanst. IX. Bd. 1. H.

1923 FREUDENBERG, W., Ätna-Ausbrüche. — C. f. Min. ect. S. 481.

1925 SOERGEL, W., Die Säugetierfauna des altdiluvialen Tonlagers von Jockgrimm in der Pfalz. — Zeitschr. d. D. G. G. Bd. 77, Abh. 3.

1927 ders., *Cervus megaceros mosbachensis* n. sp. und die Stammesgeschichte der Riesenhirsche. — Abh. d. Senckenberg. naturf. Ges. Bd. 39, H. 4.

1928 ders., Das geologische Alter des *Homo heidelbergensis*. — Pal. Zeitschr. Bd. 10, H. 3/4.

1928 WÜST, E., Diskussionsbemerkungen. Ebenda.

1928 RÜGER, L., Beiträge zur Kenntnis der altdiluvialen Fauna von Mauer a. d. Elsenz und Eberbach a. Neckar. — Geol. u. Pal. Abhandl. 1928.

1929 ders., *Machairodus latidens* OWEN aus den altdiluvilen Sanden von Mauer a. d. Elsenz. — Sitzber. d. Heidelbg. Akad. d. Wissensch. math.-nat. Kl. 7. Abhandl.

---

[1]) Das Stück befindet sich in der Pollichia-Sammlung in Bad Dürkheim.

1929 Salomon-Calvi, W. Jahresber. d. Akad. Heidelberg (Sitz. v. 14. Juni 1929).

1929 Woldstedt, P., Das Eiszeitalter. Stuttgart bei Enke.

1930 Wüst, E., Die Bedeutung der geographischen Rassen für die Geschichte der diluvialen Säugetierfaunen. — Pal. Zeitschr. Bd. 12.

1930 Voelker, I. *Felis issiodorensis* Croizet von Mauer a. d. Elsenz. — Sitzber. d. Heidelbg. Akad. d. Wissensch. math.-nat. Kl. 12. Abhandl. 1930.

12. SALOMON. Felsenmeere und Blockstreuungen. Reichsmark 0.80
13. SALOMON. Die Gruppendefinitionen in der Paläontologie. Reichsmark 0.90

Jahrgang 1927. 1. LOEWY, ALFRED. Neue elementare Begründung und Erweiterung der Galoisschen Theorie. Reichsmark 1.60
2. LIEBMANN, HEINRICH. Rhombische Geradennetze im Raum. Reichsmark 1.—
3. VOLK, OTTO. Über geodätische Dreiecknetze auf Flächen konstanten Krümmungsmaßes. Reichsmark 1.80
4. PÜTTER. A. Chemische Reizwirkung und Giftwirkung. Mit einem mathematischen Anhang: Ein Diffusionsproblem von E. TREFFTZ. Reichsmark 2.40
5. REMBS, EDUARD. Die Verbiegung des verlängerten Rotationsellipsoids. Reichsmark 1.60
6. MAYER, ADOLF. Naturwissenschaftliche Ästhetik. Reichsmark 0.90
7. MAYER, ADOLF. Naturwissenschaftliche Volkswirtschaftslehre. Reichsm. 0.80
8. BAER, R., KAPFERER, H., KRULL, W., SCHMIDT, F. K. Beiträge zur Algebra. Nr. 5—10. Reichsmark 6.20
9. MÜLLER, MAX. Über die Eindeutigkeit der Integrale eines Systems gewöhnlicher Differentialgleichungen und die Konvergenz einer Gattung von Verfahren zur Approximation dieser Integrale. Reichsmark 2.50
10. FREUDENBERG, KARL. Intramolekulare Umlagerung optisch-aktiver Systeme. Reichsmark 1.—
11. ROESER, ERNST. Abbildung der hyperbolischen Ebene auf die Kugel mittels der Beziehung zwischen Lot und Parallelwinkel. Reichsmark 1.—
12. RÜGER, L. Die direkte gebirgsgetreue Übertragung der auf dem Universaldrehtisch gewonnenen Messungsergebnisse gebirgsorientierter Schliffe in das Diagramm. Reichsmark 1.20
13. JOST, L. Elektrische Potentialdifferenzen an der Einzelzelle. Reichsmark 1.90

Jahrgang 1928. 1. RÜGER, L. Einige Bemerkungen zur Darstellung tektonischer Elemente, insbesondere von Klüften und Harnischen. Reichsm. 1.20
2. HERBST, CURT. Untersuchungen zur Bestimmung des Geschlechts. Ein neuer Weg zur Lösung des Geschlechtsbestimmungsproblems bei Bonellia viridis. Reichsmark 1.50
3. MERTON, HUGO. Untersuchungen über die Entstehung amöbenähnlicher Zeilen aus absterbenden Infusorien. Reichsmark 2.20
4. BAER, REINHOLD. Zur Einordnung der Theorie der Mischgruppen in die Gruppentheorie. Reichsmark 2.20
5. BAER, REINHOLD. Über die Zerlegungen einer Mischgruppe nach einer Untermischgruppe. Reichsmark 1.50
6. ROESER, ERNST. Komplementäre Körper der beiden nichteuklidischen Geometrien. Reichsmark 1.—
7. KRULL, WOLFGANG. Primidealketten in allgemeinen Ringbereichen. Rm. 1.10
8. SALOMON, WILHELM. Geol. Beobachtungen des Leonardo da Vinci. Rm. 0.90
9. LIEBMANN, HEINRICH. Die Sätze von Lie und Gambier über Kurven eines Linienkomplexes. Reichsmark 0.90
10. MERZ, K. W. Über den Wirkungsantagonismus von Blutkörperchen und Serum bei chemisch faßbaren biologischen Vorgängen. Reichsmark 1.20
11. MÜHLBACH, R. Über Raumkurven in der Möbiusschen Geometrie. Rm. 1.20
12. ERNST, PAUL. Wurzeln der Medizin. Reichsmark 1.50
13. MAYER, ADOLF. Naturwissenschaftliche Apologetik des Christentums. Rm. 1.60
14. BAER, REINHOLD. Beiträge zur Galoisschen Theorie. Reichsmark 1.80
15. SALOMON, WILHELM. Neue geologische Beobachtungen im Baitonegebiet des Adamello. Reichsmark 0.90
16. ERDMANNSDÖRFFER, O. H. Über Disthen-Andalusitparagenesen. Rm. 1.20
17. SCHNEIDT, MAX. Kurvennetze ohne Umwege. Reichsmark 1.30
18. BOPP, K. J. H. Lamberts und A. G. Kaestners Briefe, aus den Gothaer Manuskripten herausgegeben. Reichsmark 2.20
19. FREUDENBERG, K. Zur Kenntnis des Fichtenholz-Lignins. Reichsmark 1.10

Jahrgang 1929. 1. VOLK, OTTO. Über Flächen mit geodätischen Dreiecksnetzen. Reichsmark 2.50
2. SCHMIDT, F. K., KRULL, W., BREUER, S. Beiträge zur Algebra. Nr. 11—13. Reichsmark 1.80
3. HIEBER, W., Zur Kenntnis der chemischen Reaktionen des Eisencarbonyls. Reichsmark 0.90
4. SALOMON, WILHELM. Gletscherbeobachtungen am Vadret Lischanna (Unterengadin). Reichsmark 1.—
5. SALOMON, WILHELM. Arktische Bodenformen in den Alpen. Reichsm. 2.50

6. MÜLLER, MAX. Über die Greensche Funktion des Laplaceschen Differentialausdruckes. Reichsmark 1.50
7. RÜGER, L. Machairodus latidens Owen aus den altdiluvialen Sanden von Mauer a. d. Elsenz. Reichsmark 0.90
8. LENARD, P. Über Energie und Gravitation. Reichsmark 1.90
9. DEECKE, W. Zur Entstehung der Kare. Reichsmark 0.80
10. ROESER, E. Neue Sätze über sphärische und hyperbolische Fünfecke. Reichsmark 1.—
11. BALDUS, R. Über Eulers Dreieckssatz in der absoluten Geometrie. Rm. 1.—
12. TRAUTZ, M. Die Reibung, Wärmeleitung und Diffusion in Gasmischungen. II. Reichsmark 2.80
13. SANDER, B., u. FELKEL, E. Zur tektonischen Analyse von Schmelztektoniten. Reichsmark 2.50
14. SCHOLZ, ARNOLD. Beiträge zur Algebra. Nr. 14. Reichsmark 1.20
15. BAER, REINHOLD. Beziehungen zwischen den Grundbegriffen der Topologie. Reichsmark 1.60
16. HERBST, CURT. Untersuchungen zur Bestimmung des Geschlechts. Weitere Experimente über die Vermännlichung indifferenter Bonellia-Larven durch künstliche Mittel. Reichsmark 3.—
17. ERDMANNSDÖRFFER, O. H. Über Alkalihornblenden aus dem Radautal. Reichsmark 0.80
18. GRUBER, FRIEDRICH. Neuer Beweis des Transversalensatzes in der absoluten Geometrie. Reichsmark 0.80
19. ROSENTHAL, A. Über die Existenz der Lösungen von Systemen gewöhnlicher Differentialgleichungen. Reichsmark 1.20

Jahrgang 1930. 1. GOTTFRIED, C. Über kontaktmetamorphe Gesteine des Baitonegebietes in der Adamellogruppe (Italien). Reichsmark 1.—
2. RÜGER, L. Über einen Granulit mit „Sekundärschieferung" von Auerswalde i. S. Reichsmark 1.50
3. Beiträge zur Algebra Nr. 15—17: a) KAPFERER, HEINR. Über Schnittpunktsysteme mit vorgeschriebenen Multiplizitätszahlen. b) KAPFERER, HEINR. Eine idealtheoretische Lösung des Cramerschen Paradoxons, die jeden singularen Fall umfaßt. c) SCHOLZ, ARNOLD. Über das Verhältnis von Idealklassen und Einheitengruppen in Abelschen Körpern von Primzahlpotenzgrad. Reichsmark 3.20
4. KINZL, HANS. Flußgeschichtliche und geomorphologische Untersuchungen über die Feldaistsenke im oberösterreichischen Mühlviertel und die angrenzenden Teile Südböhmens. Reichsmark 3.20
5. BALDUS, RICHARD. Zur Axiomatik der Geometrie III. Über das Archimedische und das Cantorsche Axiom. Reichsmark 0.80
6. SALOMON-CALVI, WILHELM. Epeirophorese. Teil I. Reichsmark 1.40
7. WELLSTEIN, JULIUS. Zur Klassifikation der regulären Scharen quadratischer Formen. Reichsmark 1.—
8. BETTMANN. Über Modellierungen des Gefäßendabschnittes. Reichsmark 2. —
9. ROESER, ERNST. Sphärische und hyperbolische Vielecke. Reichsmark 1.65
10. KAUFMANN, BORIS. Über die Ränderzuordnung bei topologischen Abbildungen in der Ebene und im Raume. Reichsmark 1.65
11. SCHEFFEN, WALTHER. Pseudopemphix Fritschii Wüst, Lithogaster tiefenbachensis Assm. und Pemphix Sueurii Desm. Reichsmark 3.20
12. VOELCKER, ILSE. Felis issiodorensis Croizet von Mauer a. d. E. Rm. 1.40
13. SALOMON-CALVI, WILHELM. Epeirophorese. Teil II. Geodätische Beweise. Reichsmark 1.—
14. FREUDENBERG, KARL. Kritik an der Berechnung des optischen Drehungsvermögens von Zuckern. Reichsmark 1.—
15. JÄNECKE, ERNST. Über das reguläre vierdimensionale Fünfzell. Rm. 3.—
16. BOEHM, KARL. Über lineare Differentialgleichungen mit konstanten Koeffizienten und einer Störungsfunktion. Reichsmark 1.80
17. KAMKE, E. Über die eindeutige Bestimmtheit der Integrale von Differentialgleichungen II. Reichsmark 1.70

Jahrgang 1931. 1. PFANNENSTIEHL, MAX. Die Fauna der Kirchberger Schichten von Lohn am Randen. Reichsmark 2.75
2. SALOMON-CALVI, WILH. Radiumreiche Erdölsolen und das Problem der Herkunft ihres Radiums. Reichsmark 2.—

FSC
www.fsc.org
MIX
Papier | Fördert gute Waldnutzung
FSC® C083411

Kolibri 360 GmbH
Ferdinand-Jühlke-Straße 7
99095 Erfurt, Deutschland
produktsicherheit@kolibri360.de